中国古代建筑图片库

皇家园林

张振光 李敏 编著

Picture Collection of Ancient Chinese Architecture

Imperial Gardens

Zhang Zhenguang, Li Min

编者的话

随着经济的飞速发展，人们的生活节奏也越来越快，不知不觉中，人们的阅读习惯也发生着转变。不可否认，"读图时代"的到来也在悄然改变着图书、杂志、报纸的内容与形式。无论国内、国外，无论作者、读者，现代传媒市场对图片的需求是广阔的，《中国古代建筑图片库》应运而生。

《中国古代建筑图片库》是中国建筑工业出版社面向社会推出的一系列全新图片文化产品。这个系列图片产品库以古代建筑图片光盘为主，近期将陆续推出约10套产品，每套图库均配有4张光盘，内含1000~1200张高精度的中国古建筑图片和一本便捷的检索图册。图库中的图片大部分为本社摄影师多年积累，并整合了相关专家、作者的部分资源，且所有图片均为专业建筑摄影师拍摄，专业性强，视角独特，图片精美，具有较高的审美价值和广泛的应用价值。读者一经购买，即享有长期的图片使用权，可用于建筑、艺术教学、媒体、出版、平面设计、广告宣传等。

中国建筑工业出版社成立于1954年，是我国目前最大的建筑专业出版社。在多年的图书出版中，积累了大量的图片资料。多年来，这些图片资源沉积在档案柜中，其后续价值未得到开发和利用。随着互联网、数字技术，以及摄影技术的日新月异，图片资源不再是一个封闭的宝盒。在信息高速、多元发展的今天，图片资源的拥有者不应只是惟一的使用者，资源共享、相互促进、共同繁荣，是我们编著图片库的初衷。这不仅是展示我们的图片资源的途径，更希望通过提供高质量的图片和优质的服务，与各界朋友分享中国古代建筑艺术的博大与壮美，为弘扬中国传统文化尽绵薄之力。

《中国古代建筑图片库》先期推出10套，包括：
- 《中国古代建筑图片库——私家园林》
- 《中国古代建筑图片库——皇家园林》
- 《中国古代建筑图片库——民居建筑》
- 《中国古代建筑图片库——佛教建筑》
- 《中国古代建筑图片库——道教建筑》
- 《中国古代建筑图片库——伊斯兰教建筑》
- 《中国古代建筑图片库——帝王陵墓》
- 《中国古代建筑图片库——宫殿建筑》
- 《中国古代建筑图片库——建筑门窗艺术》
- 《中国古代建筑图片库——砖石琉璃艺术》

这10套图片库，可为建筑教学、图书与杂志出版、新闻宣传、广告媒体以及对外合作提供丰富、高效和便捷的优质图片资源。我们希望，这些图库的陆续出版与发行，能受到各界的欢迎。

Editor's Words

With rapid economic development, the rhythm of people's living is speeding up while their reading habit is changing. There is no denying that the coming of "picture era" is quietly transforming the contents and forms of books, magazines and newspapers. Both at home and abroad, for the authors and for the readers, pictures are highly demanding in the modern media market. Thus, Picture Collection of Ancient Chinese Architecture is published just under such a background.

Picture Collection of Ancient Chinese Architecture is a series of brand-new cultural products of pictures introduced to the society by China Architecture & Building Press. This series of picture collection mainly include ancient architecture picture disks. Around 10 sets of the products will come out in succession recently, each containing 4 disks with about 1000~1200 high-precision pictures of ancient Chinese architecture and a convenient index book. Most of the pictures are many years' collection of the photographers of the Press, and others come from the resources of relevant experts and authors. All the pictures were taken by professional architecture photographers, being highly professional, unique in the angel of view and elegant, with high aesthetic and vast application value. After purchasing, readers will enjoy long-term right of using the pictures in architecture, art teaching, media, publishing, plan design, advertisement and so on.

Founded in 1954, China Architecture & Building Press is now the biggest Chinese press specializing in architecture. The Press collects a large number of pictures during many years' book publishing. However, these pictures have long been stored in archive cabinets, their continuing values not being developed and used. With fast development of internet, digital and photographing technologies, picture resources will no longer be a closed treasure case. Today, the owner of the picture resources shall not be the only user of them. It is our intention to boost resource sharing, mutual promotion and common development when publishing this picture collection. Not only should this be a way to present our picture resources, we hope that through providing high quality pictures and excellent services, we will share with our friends from all circles the profoundness and magnificence of ancient Chinese architecture art and contribute to the spread of traditional Chinese culture.

10 sets of Picture Collection of Ancient Chinese Architecture have been published recently, including:
- Picture Collection of Ancient Chinese Architecture — Private Gardens
- Picture Collection of Ancient Chinese Architecture — Imperial Gardens
- Picture Collection of Ancient Chinese Architecture — Residential Architectures
- Picture Collection of Ancient Chinese Architecture — Buddhist Architectures
- Picture Collection of Ancient Chinese Architecture — Taoist Architectures
- Picture Collection of Ancient Chinese Architecture — Islamic Architectures
- Picture Collection of Ancient Chinese Architecture — Emperor's Tombs
- Picture Collection of Ancient Chinese Architecture — Palace Architectures
- Picture Collection of Ancient Chinese Architecture — Architectural Art of Doors and Windows
- Picture Collection of Ancient Chinese Architecture — Art of Colored Glaze, Brick & Stone

These 10 sets of picture collection can provide rich, efficient and convenient high-quality picture resources for architecture teaching, book and magazine publishing, new promulgation, advertisement, media and foreign cooperation. We hope that the successive publishing and distribution of these picture collections could receive acclamation from all circles of society.

目 录

编者的话

颐和园 .... 8 ..... (JGC0001-0279)

故宫 .... 31 ..... (JGC0280-0391)

避暑山庄 .... 40 ..... (JGC0392-0633)

北海 .... 60 ..... (JGC0634-0892)

华清池 .... 82 ..... (JGC0893-0922)

圆明园 .... 84 ..... (JGC0923-0977)

社稷坛 .... 89 ..... (JGC0978-0989)

西安兴庆宫 .... 90 ..... (JGC0990-1000)

Contents

Editor's Words

Beijing Summer Palace .... 8 ...... (JGC0001-0279)

The Palace Museum .... 31 ...... (JGC0280-0391)

Mountain Summer Resort at Chengde .... 40 ...... (JGC0392-0633)

Beijing Beihai Park .... 60 ...... (JGC0634-0892)

Pool of Glorious Purity .... 82 ...... (JGC0893-0922)

Beijing Yuanmingyuan .... 84 ...... (JGC0923-0977)

The Alter of Land and Grain .... 89 ...... (JGC0978-0989)

Xi'an xingqing Imperial Palace .... 90 ...... (JGC0990-1000)

中国古代建筑图片库·皇家园林

颐和园　JGC0001-0012

JGC0001颐和园牌匾

JGC0002颐和园东宫门

JGC0003颐和园东宫门

JGC0004颐和园铜狮

JGC0005颐和园仁寿殿

JGC0006颐和园仁寿殿

JGC0007颐和园仁寿殿

JGC0008颐和园万寿山

JGC0009颐和园万寿山

JGC0010颐和园佛香阁

JGC0011颐和园万寿山

JGC0012颐和园万寿山与昆明湖

中国古代建筑图片库·皇家园林

颐和园　JGC0013—0024

JGC0013颐和园佛香阁

JGC0014颐和园佛香阁

JGC0015颐和园昆明湖东岸

JGC0016颐和园水木自亲

JGC0017颐和园水木自亲

JGC0018颐和园昆明湖岸

JGC0019颐和园宜轩馆

JGC0020颐和园西望

JGC0021颐和园昆明湖岸

JGC0022颐和园昆明湖岸

JGC0023颐和园漏窗

JGC0024颐和园知春亭

中国古代建筑图片库·皇家园林

颐和园　JGC0025—0036

JGC0025颐和园清晏舫　　　　　　　　　JGC0026颐和园清晏舫　　　　　　　　　JGC0027颐和园大戏楼

JGC0028颐和园大戏楼　　　　　　　　　JGC0029颐和园德和园颐乐殿　　　　　　JGC0030颐和园大戏楼顶棚

JGC0031颐和园大戏楼　　　　　　　　　JGC0032颐和园大戏楼　　　　　　　　　JGC0033颐和园德和园颐乐殿

JGC0034颐和园大戏楼回廊　　　　　　　JGC0035颐和园昆明湖东岸　　　　　　　JGC0036颐和园昆明湖东岸

10

中国古代建筑图片库·皇家园林

颐和园 JGC0037—0048

JGC0037颐和园鱼藻轩

JGC0038颐和园佛香阁

JGC0039颐和园佛香阁内景

JGC0040颐和园佛香阁内佛像

JGC0041颐和园佛香阁内佛像

JGC0042颐和园排云殿全景

JGC0043颐和园众香界智慧海

JGC0044颐和园众香界

JGC0045颐和园众香界

JGC0046颐和园排云殿院落　　JGC0047颐和园万寿山昆明湖　　JGC0048颐和园排云殿内景

中国古代建筑图片库·皇家园林

颐和园　JGC0049—0060

JGC0049颐和园知春亭

JGC0050颐和园佛香阁

JGC0051颐和园佛香阁

JGC0052颐和园牌坊

JGC0053颐和园排云门

JGC0054颐和园排云殿大门

JGC0055颐和园排云殿

JGC0056颐和园排云殿

JGC0057颐和园排云殿

JGC0058颐和园排云殿侧殿

JGC0059颐和园排云殿侧殿

JGC0060颐和园佛香阁回廊

中国古代建筑图片库·皇家园林

颐和园　JGC0061—0072

JGC0061颐和园佛香阁回廊　　　　JGC0062颐和园谐趣园　　　　JGC0063颐和园谐趣园

JGC0064颐和园谐趣园　　　　JGC0065颐和园谐趣园　　　　JGC0066颐和园谐趣园

JGC0067颐和园谐趣园　　　　JGC0068颐和园谐趣园　　　　JGC0069颐和园谐趣园

JGC0070颐和园谐趣园彩画　　　　JGC0071颐和园谐趣园　　　　JGC0072颐和园谐趣园

中国古代建筑图片库·皇家园林

颐和园　JGC0073—0084

JGC0073颐和园谐趣园

JGC0074颐和园谐趣园

JGC0075颐和园谐趣园

JGC0076颐和园谐趣园

JGC0077颐和园谐趣园

JGC0078颐和园谐趣园

JGC0079颐和园谐趣园

JGC0080颐和园谐趣园

JGC0081颐和园谐趣园

JGC0082颐和园谐趣园

JGC0083颐和园谐趣园回廊

JGC0084颐和园谐趣园

中国古代建筑图片库·皇家园林
颐和园 JGC0085—0096

JGC0085颐和园谐趣园

JGC0086颐和园谐趣园

JGC0087颐和园谐趣园

JGC0088颐和园谐趣园

JGC0089颐和园画中游

JGC0090颐和园画中游望玉泉山

JGC0091颐和园画中游望昆明湖

JGC0092颐和园昆明湖

JGC0093颐和园乐寿堂内景

JGC0094颐和园春色

JGC0095颐和园回廊

JGC0096颐和园众香界内佛像

中国古代建筑图片库·皇家园林
颐和园 JGC0097—0108

JGC0097颐和园众香界内佛像　　　　JGC0098颐和园景亭　　　　JGC0099颐和园扬仁风

JGC0100颐和园长廊　　　　JGC0101颐和园长廊彩画　　　　JGC0102颐和园长廊彩画

JGC0103颐和园长廊彩画　　　　JGC0104颐和园长廊彩画　　　　JGC0105颐和园长廊彩画

JGC0106颐和园长廊彩画　　　　JGC0107颐和园长廊彩画　　　　JGC0108颐和园长廊

中国古代建筑图片库·皇家园林

颐和园 JGC0109—0120

JGC0109颐和园回廊彩画

JGC0110颐和园回廊彩画

JGC0111颐和园漏窗

JGC0112颐和园紫藤

JGC0113颐和园转轮藏

JGC0114颐和园转轮藏

JGC0115颐和园转轮藏御碑细部

JGC0116颐和园转轮藏御碑细部

JGC0117颐和园转轮藏细部

JGC0118颐和园转轮藏

JGC0119颐和园宝云阁

JGC0120颐和园玉澜堂

中国古代建筑图片库·皇家园林

颐和园 JGC0121—0132

JGC0121颐和园玉澜堂　　　JGC0122颐和园玉澜堂　　　JGC0123颐和园仁寿殿

JGC0124颐和园听鹂馆　　　JGC0125颐和园铜瓶　　　JGC0126颐和园铜鹤

JGC0127颐和园铜鹿　　　JGC0128颐和园影壁砖雕花心　　　JGC0129颐和园牌坊细部

JGC0130颐和园牌坊细部　　　JGC0131颐和园门墩石　　　JGC0132颐和园洞门

中国古代建筑图片库·皇家园林
颐和园 JGC0133—0144

JGC0133颐和园智慧海局部

JGC0134颐和园东宫门铜狮

JGC0135颐和园铜狮

JGC0136颐和园彩画

JGC0137颐和园太湖石青芝岫　　　JGC0138颐和园太湖石青芝岫

JGC0139颐和园湖石盆景

JGC0140颐和园山石

JGC0141颐和园湖石盆景

JGC0142颐和园湖石盆景

JGC0143颐和园湖石盆景

JGC0144颐和园湖石盆景

中国古代建筑图片库·皇家园林

颐和园 JGC0145—0156

JGC0145颐和园湖石盆景

JGC0146颐和园漏窗

JGC0147颐和园石座

JGC0148颐和园铜香炉

JGC0149颐和园后山四大部洲

JGC0150颐和园须弥灵境

JGC0151颐和园须弥灵境

JGC0152颐和园须弥灵境

JGC0153颐和园须弥灵境

JGC0154颐和园须弥灵境

JGC0155颐和园须弥灵境

JGC0156颐和园须弥灵境

中国古代建筑图片库·皇家园林

颐和园　JGC0157—0168

JGC0157颐和园须弥灵境　　JGC0158颐和园须弥灵境　　JGC0159颐和园后山建筑

JGC0160颐和园花承阁塔　　JGC0161颐和园后山建筑　　JGC0162颐和园湖石及亭阁

JGC0163颐和园后湖　　JGC0164颐和园后湖　　JGC0165颐和园后湖

JGC0166颐和园后湖三孔桥　　JGC0167颐和园后湖苏州街　　JGC0168颐和园后湖苏州街

颐和园 JGC0169—0180

JGC0169颐和园后湖苏州街

JGC0170颐和园后湖苏州街

JGC0171颐和园后湖

JGC0172颐和园后湖苏州街

JGC0173颐和园后湖苏州街

JGC0174颐和园后湖苏州街

JGC0175颐和园后湖苏州街

JGC0176颐和园苏州街

JGC0177颐和园后湖苏州街

JGC0178颐和园苏州街

JGC0179颐和园苏州街

JGC0180颐和园苏州街

中国古代建筑图片库·皇家园林

颐和园　JGC0181—0192

JGC0181颐和园苏州街

JGC0182颐和园苏州街

JGC0183颐和园苏州街

JGC0184颐和园苏州街

JGC0185颐和园苏州街

JGC0186颐和园苏州街

JGC0187颐和园苏州街

JGC0188颐和园苏州街

JGC0189颐和园苏州街

JGC0190颐和园苏州街

JGC0191颐和园苏州街

JGC0192颐和园苏州街

中国古代建筑图片库·皇家园林

颐和园 JGC0193—0204

JGC0193颐和园苏州街

JGC0194颐和园苏州街

JGC0195颐和园苏州街

JGC0196颐和园苏州街

JGC0197颐和园苏州街

JGC0198颐和园苏州街

JGC0199颐和园苏州街

JGC0200颐和园苏州街

JGC0201颐和园苏州街

JGC0202颐和园苏州街

JGC0203颐和园苏州街

JGC0204颐和园苏州街

中国古代建筑图片库·皇家园林
颐和园 JGC0205—0216

JGC0205颐和园苏州街　　　　JGC0206颐和园苏州街　　　　JGC0207颐和园苏州街

JGC0208颐和园苏州街　　　　JGC0209颐和园苏州街　　　　JGC0210颐和园苏州街

JGC0211颐和园苏州街　　　　JGC0212颐和园苏州街　　　　JGC0213颐和园苏州街

JGC0214颐和园苏州街　　　　JGC0215颐和园苏州街　　　　JGC0216颐和园苏州街

中国古代建筑图片库·皇家园林

颐和园 JGC0217—0228

JGC0217颐和园苏州街

JGC0218颐和园苏州街

JGC0219颐和园苏州街

JGC0220颐和园苏州街

JGC0221颐和园苏州街

JGC0222颐和园苏州街

JGC0223颐和园苏州街

JGC0224颐和园苏州街

JGC0225颐和园苏州街

JGC0226颐和园苏州街

JGC0227颐和园苏州街

JGC0228颐和园苏州街

中国古代建筑图片库·皇家园林

颐和园 JGC0229—0240

JGC0229颐和园苏州街　　JGC0230颐和园苏州街　　JGC0231颐和园苏州街

JGC0232颐和园苏州街　　JGC0233颐和园后宫门内牌坊　　JGC0234颐和园亭廊

JGC0235颐和园亭廊　　JGC0236颐和园洞门　　JGC0237颐和园长廊彩画

JGC0238颐和园长廊彩画　　JGC0239颐和园长廊彩画　　JGC0240颐和园长廊彩画

中国古代建筑图片库·皇家园林

颐和园 JGC0241-0252

JGC0241颐和园苏州街	JGC0242颐和园后湖苏州街	JGC0243颐和园后湖
JGC0244颐和园紫气东来城门	JGC0245颐和园紫气东来匾额	JGC0246颐和园赤城霞起
JGC0247颐和园宿云檐	JGC0248颐和园耕织图山石	JGC0249颐和园耕织图景亭
JGC0250颐和园耕织图	JGC0251颐和园耕织图院门	JGC0252颐和园耕织图院门

中国古代建筑图片库·皇家园林
颐和园　JGC0253—0264

JGC0253颐和园耕织图

JGC0254颐和园耕织图景亭

JGC0255颐和园耕织图正房

JGC0256颐和园耕织图洞门

JGC0257颐和园门匾

JGC0258颐和园洞门

JGC0259颐和园廓如亭

JGC0260颐和园廓如亭

JGC0261颐和园昆明湖碑

JGC0262颐和园十七孔桥

JGC0263颐和园昆明湖

JGC0264颐和园万寿山

中国古代建筑图片库·皇家园林

颐和园　JGC0265-0276

JGC0265颐和园昆明湖与万寿山

JGC0266颐和园涵虚堂

JGC0267颐和园涵虚堂

JGC0268颐和园文昌阁

JGC0269颐和园牌坊

JGC0270颐和园玉带桥

JGC0271颐和园西堤桥

JGC0272颐和园西堤桥

JGC0273颐和园西堤桥

JGC0274颐和园西堤桥

JGC0275颐和园十七孔桥

JGC0276颐和园西堤桥

中国古代建筑图片库·皇家园林

颐和园·故宫
JGC0277—0288

JGC0277颐和园西堤桥藻井　　JGC0278颐和园西堤桥藻井　　JGC0279颐和园

 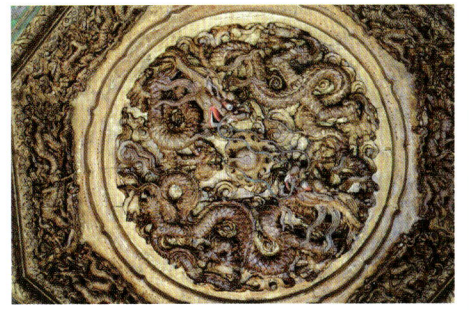 

JGC0280故宫御花园澄瑞亭天花藻井　　JGC0281故宫御花园浮碧亭天花藻井　　JGC0282故宫御花园万春亭天花藻井

JGC0283故宫御花园浮碧亭天花藻井　　JGC0284故宫御花园浮碧亭　　JGC0285故宫御花园假山石

JGC0286故宫御花园假山石　　JGC0287故宫御花园钦安殿　　JGC0288故宫御花园钦安殿

故宫 JGC0289—0300

JGC0289故宫御花园照壁细部

JGC0290故宫御花园古柏

JGC0291故宫御花园照壁

JGC0292故宫御花园照壁细部

JGC0293故宫御花园石盆景

JGC0294故宫御花园石盆景

JGC0295故宫御花园石盆景

JGC0296故宫御花园石盆景

JGC0297故宫御花园石瓮

JGC0298故宫御花园铜象

JGC0299故宫御花园万春亭

JGC0300故宫御花园养性斋

中国古代建筑图片库·皇家园林

故宫 JGC0301—0312

| JGC0301故宫御花园古柏 | JGC0302故宫御花园承光门 | JGC0303故宫御花园御景亭 |

| JGC0304故宫御花园小亭 | JGC0305故宫御花园铜麒麟 | JGC0306故宫御花园铜麒麟 |

| JGC0307故宫御花园假山石 | JGC0308故宫御花园木化石 | JGC0309故宫御花园钟乳石 |

| JGC0310故宫御花园石盆景 | JGC0311故宫御花园入口 | JGC0312故宫御花园入口 |

中国古代建筑图片库·皇家园林

故宫　JGC0313-0324

JGC0313故宫御花园入口

JGC0314故宫御花园顺贞门

JGC0315故宫御花园延和门

JGC0316故宫御花园假山洞门

JGC0317故宫御花园四神祠

JGC0318故宫御花园一角

JGC0319故宫御花园一角

JGC0320故宫御花园玉翠亭

JGC0321故宫御花园祭台

JGC0322故宫御花园龙爪槐

JGC0323故宫御花园养性斋石阶及栏板

JGC0324故宫御花园焚锦炉

中国古代建筑图片库·皇家园林

故宫　JGC0325—0336

JGC0325故宫御花园古松

JGC0326故宫御花园照壁侧面

JGC0327故宫御花园石景

JGC0328故宫御花园养性斋侧望

JGC0329故宫御花园天一门

JGC0330故宫御花园延辉阁一角

JGC0331故宫御花园延辉阁

JGC0332故宫御花园延辉阁门窗

JGC0333故宫御花园延辉阁细部

JGC0334故宫御花园天一门外望

JGC0335故宫御花园千秋亭

JGC0336故宫御花园绛雪轩

中国古代建筑图片库·皇家园林

故宫 JGC0337-0348

JGC0337故宫御花园绛雪轩

JGC0338故宫御花园绛雪轩山墙

JGC0339故宫御花园绛雪轩门窗

JGC0340故宫御花园绛雪轩门饰

JGC0341故宫御花园铺地

JGC0342故宫御花园铺地

JGC0343故宫御花园铺地

JGC0344故宫御花园万春亭彩画

JGC0345故宫御花园浮碧亭彩画

JGC0346故宫御花园浮碧亭侧面

JGC0347故宫御花园御景亭

JGC0348故宫御花园石盆景

中国古代建筑图片库·皇家园林

故宫 JGC0349—0360

JGC0349故宫御花园万春亭

JGC0350故宫御花园御景亭

JGC0351故宫御花园万春亭

JGC0352故宫御花园假山石

JGC0353故宫御花园石盆景

JGC0354故宫御花园假山石

JGC0355故宫御花园连理树

JGC0356故宫御花园千秋亭

JGC0357故宫御花园钦安殿石栏杆

JGC0358故宫御花园钦安侧亭

JGC0359故宫御花园钦安殿细部

JGC0360故宫御花园钦安殿细部

故宫 JGC0361–0372

JGC0361故宫御花园钦安殿石栏杆

JGC0362故宫御花园天一门

JGC0363故宫乾隆花园禊赏亭外望

JGC0364故宫乾隆花园大门

JGC0365故宫乾隆花园一角

JGC0366故宫乾隆花园入口

JGC0367故宫乾隆花园入口铜狮

JGC0368故宫乾隆花园碧螺亭

JGC0369故宫乾隆花园一角

JGC0370故宫乾隆花园石盆景

JGC0371故宫乾隆花园一角

JGC0372故宫乾隆花园倦勤斋

中国古代建筑图片库·皇家园林

故宫 JGC0373—0384

JGC0373故宫乾隆花园石盆景

JGC0374故宫乾隆花园倦勤斋

JGC0375故宫乾隆花园遂初堂

JGC0376故宫乾隆花园养和精舍

JGC0377故宫乾隆花园养和精舍

JGC0378故宫乾隆花园曲廊

JGC0379故宫乾隆花园竹香馆

JGC0380故宫乾隆花园古华轩外望

JGC0381故宫乾隆花园古华轩天花

JGC0382故宫乾隆花园古华轩外望

JGC0383故宫乾隆花园假山

JGC0384故宫乾隆花园禊赏石栏板

中国古代建筑图片库·皇家园林

故宫·避暑山庄
JGC0385-0396

JGC0385故宫乾隆花园禊赏亭内景

JGC0386故宫乾隆花园古华轩

JGC0387故宫乾隆花园一角

JGC0388故宫乾隆花园禊赏亭

JGC0389故宫乾隆花园石盆景

JGC0390故宫乾隆花园洞门

JGC0391故宫乾隆花园鼓石

JGC0392避暑山庄水景

JGC0393避暑山庄环碧景亭

JGC0394避暑山庄水景

JGC0395避暑山庄水景

JGC0396避暑山庄一角

中国古代建筑图片库·皇家园林

避暑山庄 JGC0397-0408

JGC0397避暑山庄水心榭

JGC0398避暑山庄晨景

JGC0399避暑山庄亭桥

JGC0400避暑山庄环碧

JGC0401避暑山庄环碧

JGC0402避暑山庄水心榭

JGC0403避暑山庄金山亭榭

JGC0404避暑山庄景亭

JGC0405避暑山庄一角

JGC0406避暑山庄须弥福寿之庙远望

JGC0407避暑山庄一角

JGC0408避暑山庄水景

中国古代建筑图片库·皇家园林

避暑山庄 JGC0409-0420

JGC0409避暑山庄一角

JGC0410避暑山庄一角

JGC0411避暑山庄芳渚临流亭

JGC0412避暑山庄水流云在亭

JGC0413避暑山庄芳渚临流亭

JGC0414避暑山庄卷阿胜境

JGC0415避暑山庄濠濮间想亭

JGC0416避暑山庄莺啭乔木亭

JGC0417避暑山庄莆田丛樾亭

JGC0418避暑山庄金山芳洲亭　　JGC0419避暑山庄芳渚临流亭　　JGC0420避暑山庄

42

中国古代建筑图片库·皇家园林

避暑山庄 JGC0421—0432

| JGC0421避暑山庄月色江声正殿 | JGC0422避暑山庄如意州亭 | JGC0423避暑山庄采菱渡草亭 |

| JGC0424避暑山庄观莲所 | JGC0425避暑山庄萍香泮亭 | JGC0426避暑山庄环碧 |

JGC0427避暑山庄环碧　　JGC0428避暑山庄全景　　JGC0429避暑山庄芝径云堤

JGC0430避暑山庄乾隆御碑　　JGC0431避暑山庄水景　　JGC0432避暑山庄水景

中国古代建筑图片库·皇家园林

避暑山庄 JGC0433—0444

JGC0433避暑山庄芝径云堤

JGC0434避暑山庄湖景

JGC0435避暑山庄水心榭

JGC0436避暑山庄水心榭

JGC0437避暑山庄金山

JGC0438避暑山庄环碧

JGC0439避暑山庄环碧

JGC0440避暑山庄观莲所

JGC0441避暑山庄湖石

JGC0442避暑山庄环碧

JGC0443避暑山庄水心榭

JGC0444避暑山庄水景

中国古代建筑图片库·皇家园林

避暑山庄 JGC0445—0456

JGC0445避暑山庄山亭

JGC0446避暑山庄冷香亭

JGC0447避暑山庄萍香泮亭

JGC0448避暑山庄文津阁

JGC0449避暑山庄一角

JGC0450避暑山庄浮片玉

JGC0451避暑山庄浮片玉

JGC0452避暑山庄文津阁

JGC0453避暑山庄文津阁

JGC0454避暑山庄文津阁回廊

JGC0455避暑山庄云山胜地楼

JGC0456避暑山庄云山胜地楼

中国古代建筑图片库·皇家园林

避暑山庄　JGC0457-0468

JGC0457避暑山庄云山胜地楼牌匾　　JGC0458避暑山庄试马埭　　JGC0459避暑山庄景亭

JGC0460避暑山庄芳渚临流亭　　JGC0461避暑山庄烟雨楼　　JGC0462避暑山庄烟雨楼匾额

JGC0463避暑山庄烟雨楼　　JGC0464避暑山庄烟雨楼　　JGC0465避暑山庄烟雨楼南假山

JGC0466避暑山庄烟雨楼　　JGC0467避暑山庄烟雨楼一角　　JGC0468避暑山庄文园狮子林

中国古代建筑图片库·皇家园林

避暑山庄 JGC0469—0480

JGC0469避暑山庄文园狮子林

JGC0470避暑山庄文园狮子林

JGC0471避暑山庄文园狮子林

JGC0472避暑山庄文园狮子林

JGC0473避暑山庄文园狮子林

JGC0474避暑山庄文园狮子林

JGC0475避暑山庄文园狮子林

JGC0476避暑山庄文园狮子林

JGC0477避暑山庄文园狮子林

JGC0478避暑山庄金山

JGC0479避暑山庄金山

JGC0480避暑山庄金山

中国古代建筑图片库·皇家园林

避暑山庄 JGC0481—0492

JGC0481避暑山庄金山

JGC0482避暑山庄金山回廊

JGC0483避暑山庄金山回廊

JGC0484避暑山庄金山回廊

JGC0485避暑山庄金山上帝阁

JGC0486避暑山庄牌匾

JGC0487避暑山庄丽正门

JGC0488避暑山庄宫殿区

JGC0489避暑山庄铜狮

JGC0490避暑山庄澹泊敬诚殿院落

JGC0491避暑山庄宫殿区回廊

JGC0492避暑山庄宫殿区回廊

中国古代建筑图片库·皇家园林
避暑山庄 JGC0493—0504

JGC0493避暑山庄钟楼

JGC0494避暑山庄万壑松风

JGC0495避暑山庄烟波致爽殿院落

JGC0496避暑山庄烟波致爽殿

JGC0497避暑山庄万壑松风

JGC0498避暑山庄万壑松风

JGC0499避暑山庄宫殿区回廊

JGC0500避暑山庄澹泊敬诚殿门窗

JGC0501避暑山庄岫云门

JGC0502避暑山庄烟波致爽殿西暖阁

JGC0503避暑山庄烟波致爽殿槅扇

JGC0504避暑山庄烟波致爽殿内景

中国古代建筑图片库·皇家园林

避暑山庄 JGC0505—0516

JGC0505避暑山庄水芳岩秀殿内景

JGC0506避暑山庄澹泊敬诚殿内景

JGC0507避暑山庄澹泊敬诚殿内景

JGC0508避暑山庄四知书屋内景

JGC0509避暑山庄烟波致爽殿东暖阁

JGC0510避暑山庄四知书屋内景

JGC0511避暑山庄宫殿区回廊

JGC0512避暑山庄永佑寺塔

JGC0513避暑山庄永佑寺

JGC0514避暑山庄永佑寺

JGC0515避暑山庄永佑寺

JGC0516避暑山庄蒙古包

中国古代建筑图片库·皇家园林

避暑山庄 JGC0517-0528

JGC0517避暑山庄永佑寺细部　　JGC0518避暑山庄全景图（清）　　JGC0519避暑山庄永佑寺塔细部

JGC0520避暑山庄乾隆接见渥巴锡图　　JGC0521避暑山庄四面云山亭　　JGC0522避暑山庄四面云山亭

JGC0523避暑山庄四面云山亭　　JGC0524避暑山庄四面云山亭　　JGC0525避暑山庄南山积雪亭

JGC0526避暑山庄松林　　JGC0527避暑山庄棒锤峰　　JGC0528避暑山庄棒锤峰

中国古代建筑图片库·皇家园林

避暑山庄 JGC0529—0540

JGC0529避暑山庄棒锤峰

JGC0530避暑山庄蒙古包

JGC0531避暑山庄普宁寺全景

JGC0532避暑山庄普宁寺大乘阁

JGC0533避暑山庄普宁寺大雄宝殿

JGC0534避暑山庄普宁寺大乘阁

JGC0535避暑山庄普宁寺大乘阁

JGC0536避暑山庄普宁寺

JGC0537避暑山庄普宁寺

JGC0538避暑山庄普宁寺

JGC0539避暑山庄金山一角

JGC0540避暑山庄莺啭乔木亭

中国古代建筑图片库·皇家园林

避暑山庄 JGC0541—0552

JGC0541避暑山庄如意州

JGC0542避暑山庄文园狮子林

JGC0543避暑山庄普宁寺一角

JGC0544避暑山庄普宁寺佛塔

JGC0545避暑山庄普宁寺佛塔

JGC0546避暑山庄普宁寺佛塔

JGC0547避暑山庄普宁寺佛塔

JGC0548避暑山庄普宁寺院落

JGC0549避暑山庄普宁寺藏式建筑

JGC0550避暑山庄须弥福寿之庙

JGC0551避暑山庄普陀宗乘之庙

JGC0552避暑山庄普陀宗乘之庙

中国古代建筑图片库·皇家园林

避暑山庄 JGC0553—0564

JGC0553避暑山庄普陀宗乘之庙大红台

JGC0554避暑山庄普陀宗乘之庙大红台

JGC0555避暑山庄普陀宗乘之庙万法归一殿

JGC0556避暑山庄普陀宗乘之庙院落

JGC0557避暑山庄普陀宗乘之庙院落

JGC0558避暑山庄普陀宗乘之庙五塔白台

JGC0559避暑山庄普陀宗乘之庙五塔白台

JGC0560避暑山庄普陀宗乘之庙五塔白台

JGC0561避暑山庄普陀宗乘之庙琉璃牌楼

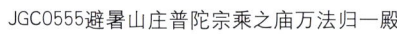
JGC0562避暑山庄普陀宗乘之庙琉璃牌楼

JGC0563避暑山庄石象

JGC0564避暑山庄普陀宗乘之庙五塔门

中国古代建筑图片库·皇家园林

避暑山庄 JGC0565—0576

JGC0565避暑山庄普陀宗乘之庙大红台

JGC0566避暑山庄普陀宗乘之庙万法归一殿

JGC0567避暑山庄普陀宗乘之庙慈航普渡殿

JGC0568避暑山庄须弥福寿之庙

JGC0569避暑山庄须弥福寿之庙

JGC0570避暑山庄

JGC0571避暑山庄须弥福寿之庙

JGC0572避暑山庄须弥福寿之庙吉祥法禧殿

JGC0573避暑山庄须弥福寿之庙妙高庄严殿

JGC0574避暑山庄须弥福寿之庙妙高庄严殿

JGC0575避暑山庄须弥福寿之庙内景

JGC0576避暑山庄须弥福寿之庙大红台

JGC0577避暑山庄须弥福寿之庙

JGC0578避暑山庄须弥福寿之庙

JGC0579避暑山庄须弥福寿之庙琉璃塔

JGC0580避暑山庄须弥福寿之庙琉璃塔

JGC0581避暑山庄须弥福寿之庙妙高庄严殿

JGC0582避暑山庄须弥福寿之庙妙高庄严殿

JGC0583避暑山庄须弥福寿之庙妙高庄严殿

JGC0584避暑山庄须弥福寿之庙妙高庄严殿

JGC0585避暑山庄须弥福寿之庙妙高庄严殿

JGC0586避暑山庄须弥福寿之庙妙高庄严殿

JGC0587避暑山庄须弥福寿之庙妙高庄严殿

JGC0588避暑山庄须弥福寿之庙琉璃牌楼

中国古代建筑图片库·皇家园林

避暑山庄　JGC0589-0600

JGC0589避暑山庄须弥福寿之庙

JGC0590避暑山庄须弥福寿之庙佛像

JGC0591避暑山庄须弥福寿之庙佛像

JGC0592避暑山庄须弥福寿之庙

JGC0593避暑山庄须弥福寿之庙大红台

JGC0594避暑山庄安远庙

JGC0595避暑山庄安远庙大雄宝殿

JGC0596避暑山庄安远庙殿堂细部

JGC0597避暑山庄安远庙殿堂细部

JGC0598避暑山庄三十六景图——烟波致爽

JGC0599避暑山庄三十六景图——芝径云堤

JGC0600避暑山庄三十六景图——无暑清凉

中国古代建筑图片库·皇家园林

避暑山庄 JGC0601-0612

JGC0601避暑山庄三十六景图——延薰山馆

JGC0602避暑山庄三十六景图——水芳岩秀

JGC0603避暑山庄三十六景图——万壑松风

JGC0604避暑山庄三十六景图——松鹤清越

JGC0605避暑山庄三十六景图——云山胜地

JGC0606避暑山庄三十六景图——四面云山

JGC0607避暑山庄三十六景图——北枕双峰

JGC0608避暑山庄三十六景图——西岭晨霞

JGC0609避暑山庄三十六景图——锤峰落照

JGC0610避暑山庄三十六景图——南山积雪

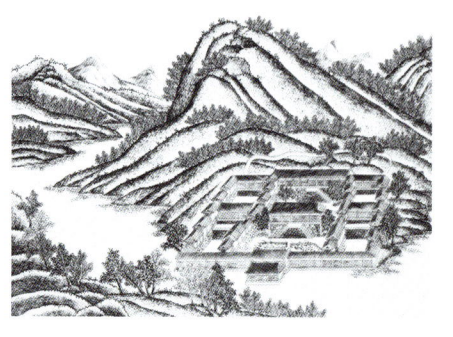
JGC0611避暑山庄三十六景图——梨花伴月

JGC0612避暑山庄三十六景图——曲水荷香

中国古代建筑图片库·皇家园林

避暑山庄 JGC0613—0624

JGC0613避暑山庄三十六景图——风泉清听

JGC0614避暑山庄三十六景图——濠濮间想

JGC0615避暑山庄三十六景图——天宇咸畅

JGC0616避暑山庄三十六景图——暖溜暄波

JGC0617避暑山庄三十六景图——泉源石壁

JGC0618避暑山庄三十六景图——青枫绿屿

JGC0619避暑山庄三十六景图——莺啭乔木

JGC0620避暑山庄三十六景图——香远益清

JGC0621避暑山庄三十六景图——金莲映日

JGC0622避暑山庄三十六景图——远近泉声

JGC0623避暑山庄三十六景图——云帆月舫

JGC0624避暑山庄三十六景图——芳渚临流

中国古代建筑图片库·皇家园林
避暑山庄·北海
JGC0625—00636

JGC0625避暑山庄三十六景图——云容水态

JGC0626避暑山庄三十六景图——澄泉绕石

JGC0627避暑山庄三十六景图——澄波叠翠

JGC0628避暑山庄三十六景图——石矶观鱼

JGC0629避暑山庄三十六景图——镜水云岑

JGC0630避暑山庄三十六景图——双湖夹镜

JGC0631避暑山庄三十六景图——长虹饮练

JGC0632避暑山庄三十六景图——甫田丛樾

JGC0633避暑山庄三十六景图——水流云在

JGC0634北海团城

JGC0635北海团城承光殿

JGC0636北海团城

北海 JGC0637—0648

JGC0637北海团城　　　　　　JGC0638北海团城承光殿　　　　　　JGC0639北海团城承光殿内景

JGC0640北海团城　　　　　　JGC0641北海团城入口　　　　　　JGC0642北海团城角殿

JGC0643北海团城　　　　　　JGC0644北海团城玉瓮亭　　　　　　JGC0645北海团城松——遮荫侯

JGC0646北海团城松——白袍将军　　　　JGC0647北海团城屋顶装饰　　　　JGC0648北海与琼岛

中国古代建筑图片库·皇家园林

北海 JGC0649—0660

JGC0649北海琼岛南侧

JGC0650北海远眺

JGC0651北海琼岛南侧

JGC0652北海白塔

JGC0653北海琼岛东侧

JGC0654北海琼岛南侧

JGC0655北海白塔南侧

JGC0656北海春景

JGC0657北海白塔琼岛

JGC0658北海琼岛

JGC0659北海望景山

JGC0660北海远眺

中国古代建筑图片库·皇家园林

北海 JGC0661—0672

JGC0661北海琼岛远眺

JGC0662北海琼岛西侧

JGC0663北海白塔

JGC0664北海水中望琼岛

JGC0665北海暮色

JGC0666北海晨景

JGC0667北海白塔及普安殿

JGC0668北海木牌楼

JGC0669北海琼岛木牌楼

JGC0670北海积翠木牌楼

JGC0671北海积翠木牌楼

JGC0672北海积翠木牌楼

中国古代建筑图片库·皇家园林
北海 JGC0673—0684

JGC0673北海堆云木牌楼

JGC0674北海积翠木牌楼

JGC0675北海堆云木牌楼

JGC0676北海堆云木牌楼

JGC0677北海堆云木牌楼

JGC0678北海牌楼匾额

JGC0679北海牌楼匾额

JGC0680北海牌楼石狮

JGC0681北海大石桥

JGC0682北海大石桥

JGC0683北海石桥

JGC0684北海环碧楼

中国古代建筑图片库·皇家园林

北海 JGC0685—0696

JGC0685北海环碧楼

JGC0686北海环碧楼

JGC0687北海环碧楼

JGC0688北海环碧楼

JGC0689北海环碧楼

JGC0690北海环碧楼

JGC0691北海环碧楼

JGC0692北海环碧楼细部

JGC0693北海北侧水面

JGC0694北海东北侧水面

JGC0695北海琼岛北侧建筑群

JGC0696北海琼岛北侧建筑群

北海 JGC0697—0708

JGC0697北海琼岛北侧建筑群

JGC0698北海五龙亭远眺

JGC0699北海一角

JGC0700北海双虹榭

JGC0701北海琼岛西侧建筑

JGC0702北海琼岛西石桥

JGC0703北海烟云尽态亭

JGC0704北海烟云尽态亭

JGC0705北海烟云尽态亭

JGC0706北海亩鉴室

JGC0707北海亩鉴室

JGC0708北海亩鉴室

中国古代建筑图片库·皇家园林

北海 JGC0709—0720

JGC0709北海阅古楼

JGC0710北海阅古楼内景

JGC0711北海

JGC0712北海琼岛垂花门

JGC0713北海仙人承露盘

JGC0714北海仙人承露盘

JGC0715北海见春亭

JGC0716北海望景山

JGC0717北海庆霄楼

JGC0718北海望中南海

JGC0719北海东侧牌楼

JGC0720北海叠石

中国古代建筑图片库·皇家园林

北海 JGC0721—0732

JGC0721北海园墙

JGC0722北海后山爬山廊

JGC0723北海爬山廊

JGC0724北海琼岛北侧建筑群

JGC0725北海蚕坛

JGC0726北海倚晴楼

JGC0727北海分凉阁

JGC0728北海分凉阁

JGC0729北海见春亭

JGC0730北海永安寺入口

JGC0731北海铜鹤

JGC0732北海铜龟

中国古代建筑图片库·皇家园林

北海 JGC0733—0744

JGC0733北海铜鹤

JGC0734北海石盆景

JGC0735北海石盆景

JGC0736北海门楼

JGC0737北海永安寺院落

JGC0738北海法轮殿

JGC0739北海法轮殿

JGC0740北海悦心殿

JGC0741北海智珠殿

JGC0742北海景亭

JGC0743北海景亭

JGC0744北海景亭

中国古代建筑图片库·皇家园林

北海 JGC0745-0756

JGC0745北海法轮殿侧殿

JGC0746北海景石

JGC0747北海叠石及蹬道

JGC0748北海普安殿佛像

JGC0749北海正觉寺佛像

JGC0750北海正觉寺佛像

JGC0751北海法轮殿佛像

JGC0752北海御碑亭

JGC0753北海庆霄楼

JGC0754北海濠濮涧

JGC0755北海濠濮涧

JGC0756北海濠濮涧

中国古代建筑图片库·皇家园林

北海 JGC0757—0768

JGC0757北海濠濮涧

JGC0758北海濠濮涧

JGC0759北海濠濮涧

JGC0760北海濠濮涧

JGC0761北海濠濮涧

JGC0762北海濠濮涧

JGC0763北海濠濮涧爬山廊

JGC0764北海一角

JGC0765北海濠濮涧内景

JGC0766北海濠濮涧廊轩天花

JGC0767北海濠濮涧彩画

JGC0768北海濠濮涧曲廊

中国古代建筑图片库·皇家园林

北海 JGC0769—0780

JGC0769北海北岸花墙

JGC0770北海曲廊

JGC0771北海北岸山石

JGC0772北海静心斋水榭

JGC0773北海静心斋叠石及爬山廊

JGC0774北海静心斋大殿内景

JGC0775北海静心斋大殿内景

JGC0776北海静心斋叠石及曲廊

JGC0777北海静心斋

JGC0778北海静心斋爬山廊

JGC0779北海静心斋罨画轩

JGC0780北海静心斋石桥

中国古代建筑图片库·皇家园林

北海 JGC0781—0792

JGC0781北海静心斋抱素书屋内景

JGC0782北海静心斋水榭

JGC0783北海静心斋水榭

JGC0784北海静心斋

JGC0785北海静心斋

JGC0786北海静心斋

JGC0787北海静心斋

JGC0788北海静心斋殿

JGC789北海静心斋殿

JGC0790北海静心斋侧廊

JGC0791北海静心斋山石

JGC0792北海静心斋石桥与假山

中国古代建筑图片库·皇家园林

北海 JGC0793—0804

JGC0793北海静心斋假山

JGC0794北海静心斋枕峦亭

JGC0795北海静心斋枕峦亭

JGC0796北海静心斋枕峦亭

JGC0797北海静心斋院落东北侧

JGC0798北海静心斋抱素书屋院落

JGC0799北海静心斋院落东南侧

JGC0800北海静心斋抱素书屋

JGC0801北海静心斋一角

JGC0802北海静心斋叠石

JGC0803北海静心斋石桥

JGC0804北海静心斋抱素书屋院落

中国古代建筑图片库·皇家园林

北海 JGC0805—0816

JGC0805北海静心斋水廊

JGC0806北海静心斋爬山廊

JGC0807北海静心斋爬山廊

JGC0808北海静心斋抱素书屋院落

JGC0809北海静心斋水廊

JGC0810北海爬山廊

JGC0811北海静心斋爬山廊

JGC0812北海静心斋小景

JGC0813北海静心斋北侧假山

JGC0814北海静心斋叠翠楼

JGC0815北海静心斋叠翠楼内景

JGC0816北海静心斋叠翠楼内景

中国古代建筑图片库·皇家园林

北海 JGC0817—0828

JGC0817北海琉璃牌楼

JGC0818北海琉璃牌楼

JGC0819北海琉璃牌楼

JGC0820北海琉璃牌楼匾额

JGC0821北海九龙壁

JGC0822北海九龙壁

JGC0823北海九龙壁

JGC0824北海九龙壁细部

JGC0825北海九龙壁细部

JGC0826北海九龙壁细部

JGC0827北海九龙壁细部

JGC0828北海九龙壁细部

北海 JGC0829—0840

JGC0829北海九龙壁细部

JGC0830北海九龙壁细部

JGC0831北海九龙壁细部

JGC0832北海九龙壁细部

JGC0833北海九龙壁细部

JGC0834北海九龙壁细部

JGC0835北海铁影壁

JGC0836北海铁影壁

JGC0837北海小西天大殿

JGC0838北海小西天大殿

JGC0839北海小西天大殿

JGC0840北海小西天石桥

北海 JGC0841—0852

JGC0841北海小西天大殿内景

JGC0842北海小西天大殿内景

JGC0843北海小西天牌楼

JGC0844北海小西天角亭

JGC0845北海小西天大殿匾额

JGC0846北海小西天大殿

JGC0847北海小西天藻井

JGC0848北海小西天石碑细部

JGC0849北海小西天石碑细部

JGC0850北海小西天石碑细部

JGC0851北海快雪堂

JGC0852北海快雪堂

中国古代建筑图片库·皇家园林
北海 JGC0853—0864

JGC0853北海快雪堂假山石

JGC0854北海快雪堂石景

JGC0855北海快雪堂大殿

JGC0856北海快雪堂

JGC0857北海西天梵境正门

JGC0858北海西天梵境正门

JGC0859北海西天梵境正门

JGC0860北海西天梵境大殿

JGC0861北海西天梵境

JGC0862北海西天梵境正门

JGC0863北海西天梵境正门

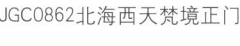

JGC0864北海西天梵境钟鼓楼

79

中国古代建筑图片库·皇家园林
北海 JGC0865—0876

JGC0865北海西天梵境殿堂

JGC0866北海西天梵境殿堂

JGC0867北海西天梵境大雄宝殿

JGC0868北海西天梵境大雄宝殿细部

JGC0869北海西天梵境大雄宝殿细部

JGC0870北海宝积楼入口

JGC0871北海五龙亭远眺

JGC0872北海五龙亭

JGC0873北海五龙亭

JGC0874北海五龙亭

JGC0875北海五龙亭

JGC0876北海琼岛西侧木牌楼

中国古代建筑图片库·皇家园林

北海 JGC0877—0888

JGC0877北海普安殿

JGC0878北海普安殿细部

JGC0879北海大西天大慈真如殿

JGC0880北海大西天弥勒佛

JGC0881北海大西天山门佛像

JGC0882北海大西天山门佛像

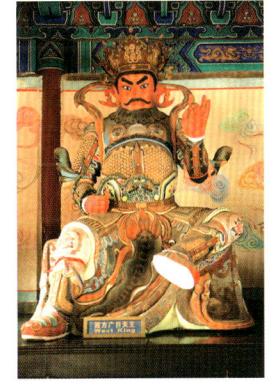

JGC0883北海大西天山门佛像

JGC0884北海大西天山门佛像

JGC0885北海大西天丹陛石

JGC0886北海大西天大慈真如殿

JGC0887北海快雪堂内景

JGC0888北海月夜

北海 · 华清池

JGC0889—0900

JGC0889北海月夜

JGC0890北海洞门

JGC0891北海碧鲜亭

JGC0892北海一壶天地亭

JGC0893华清池环园入口

JGC0894华清池晨旭亭与晚霞亭

JGC0895华清池沉香殿

JGC0896华清池五间厅

JGC0897华清池荷花阁

JGC0898华清池九龙湖

JGC0899华清池晚霞亭外望

JGC0900华清池环园入口

中国古代建筑图片库·皇家园林

华清池 JGC0901—0912

JGC0901华清池五间厅侧景

JGC0902华清池九龙湖

JGC0903华清池少阳汤

JGC0904华清池御汤遗址

JGC0905华清池荷花阁

JGC0906华清池环园入口

JGC0907华清池全景

JGC0908华清池龙吟榭

JGC0909华清池九龙湖

JGC0910华清池龙石舫外望

JGC0911华清池御汤遗址

JGC0912华清池庭院

中国古代建筑图片库·皇家园林

华清池·圆明园

JGC0913—0924

JGC0913华清池庭院

JGC0914华清池环园一角

JGC0915华清池庭院

JGC0916华清池庭院

JGC0917华清池荷花阁

JGC0918华清池宜春阁

JGC0919华清池龙石舫

JGC0920华清池荷花阁

JGC0921华清池荷花阁

JGC0922华清池龙石舫

JGC0923圆明园福海

JGC0924圆明园福海

中国古代建筑图片库·皇家园林

圆明园 JGC0925—0936

JGC0925圆明园西洋楼遗址

JGC0926圆明园西洋楼遗址

JGC0927圆明园西洋楼遗址

JGC0928圆明园西洋楼遗址

JGC0929圆明园谐奇趣

JGC0930圆明园谐奇趣

JGC0931圆明园谐奇趣

JGC0932圆明园方外观

JGC0933圆明园方外观

JGC0934圆明园福海

JGC0935圆明园方外观

JGC0936圆明园西洋楼遗址

中国古代建筑图片库·皇家园林

圆明园 JGC0937—0948

JGC0937圆明园谐奇趣

JGC0938圆明园四十景图——正大光明

JGC0939圆明园四十景图——勤政亲贤

JGC0940圆明园四十景图——九州清晏

JGC0941圆明园四十景图——镂月开云

JGC0942圆明园四十景图——天然图画

JGC0943圆明园四十景图——碧桐书院

JGC0944圆明园四十景图——慈云普护

JGC0945圆明园四十景图——上下天光

JGC0946圆明园四十景图——杏花春馆

JGC0947圆明园四十景图——坦坦荡荡

JGC0948圆明园四十景图——茹古涵今

中国古代建筑图片库·皇家园林

圆明园 JGC0949—0960

JGC0949圆明园四十景图——长春仙馆

JGC0950圆明园四十景图——万方安和

JGC0951圆明园四十景图——武陵春色

JGC0952圆明园四十景图——山高水长

JGC0953圆明园四十景图——月地云居

JGC0954圆明园四十景图——鸿慈永祜

JGC0955圆明园四十景图——汇芳书院

JGC0956圆明园四十景图——日天琳宇

JGC0957圆明园四十景图——澹泊宁静

JGC0958圆明园四十景图——映水兰香

JGC0959圆明园四十景图——水木明瑟

JGC0960圆明园四十景图——濂溪乐处

中国古代建筑图片库·皇家园林
圆明园　JGC0961—0972

JGC0961圆明园四十景图——多稼如云

JGC0962圆明园四十景图——鱼跃鸢飞

JGC0963圆明园四十景图——北远山村

JGC0964圆明园四十景图——西峰秀色

JGC0965圆明园四十景图——四宜书屋

JGC0966圆明园四十景图——方壶胜境

JGC0967圆明园四十景图——澡身浴德

JGC0968圆明园四十景图——平湖秋月

JGC0969圆明园四十景图——蓬岛瑶台

JGC0970圆明园四十景图——接秀山房

JGC0971圆明园四十景图——别有洞天

JGC0972圆明园四十景图——夹镜鸣琴

中国古代建筑图片库·皇家园林

圆明园·社稷坛

JGC0973—0984

JGC0973圆明园四十景图——涵虚朗鉴

JGC0974圆明园四十景图——廓然大公

JGC0975圆明园四十景图——坐石临流

JGC0976圆明园四十景图——曲院风荷

JGC0977圆明园四十景图——洞天深处

JGC0978社稷坛唐花坞亭廊

JGC0979社稷坛唐花坞

JGC0980社稷坛唐花坞曲廊

JGC0981社稷坛楼阁

JGC0982社稷坛来今雨轩

JGC0983社稷坛楼榭

JGC0984社稷坛纪念亭

中国古代建筑图片库·皇家园林

社稷坛·西安兴庆宫
JGC0985—0996

JGC0985社稷坛习礼亭　　　　　JGC0986社稷坛青莲朵　　　　　JGC0987社稷坛六方亭

JGC0988社稷坛古柏　　　　　JGC0989社稷坛水榭　　　　　JGC0990西安兴庆宫林石小径

JGC0991西安兴庆宫牡丹桥　　JGC0992西安兴庆宫长庆轩　　JGC0993西安兴庆宫花萼相辉楼

JGC0994西安兴庆宫龙堂　　　JGC0995西安兴庆宫园景　　　JGC0996西安兴庆宫龙池殿

中国古代建筑图片库·皇家园林

西安兴庆宫
JGC0997—1000

JGC0997西安兴庆宫龙池

JGC0998西安兴庆宫沉香亭

JGC0999西安兴庆宫雪后林木

JGC1000西安兴庆宫龙池殿

责任编辑　张振光　费海玲　刘育青
图片摄影　张振光　李　敏　杜一鸣及本社图片资料库
设计制作　方舟正佳
责任校对　陈　波

中国古代建筑图片库
皇家园林

张振光　李敏　编著

Picture Collection of Ancient Chinese Architecture
Imperial Gardens

Zhang Zhenguang, Li Min
*
中国建筑工业出版社出版、发行（北京西郊百万庄）
各地新华书店、建筑书店经销
北京方舟正佳图文设计有限公司制版
北京方嘉彩色印刷有限责任公司印刷
*
开本：880×1230毫米　1/16　印张：5¾　字数：216千字
2009年12月第一版　2009年12月第一次印刷
定价：3000.00元（4DVD ROM）
ISBN 978-7-89475-120-1
　　　（17744）

版权所有　翻印必究
如有印装质量问题，可寄本社退换
（邮政编码100037）